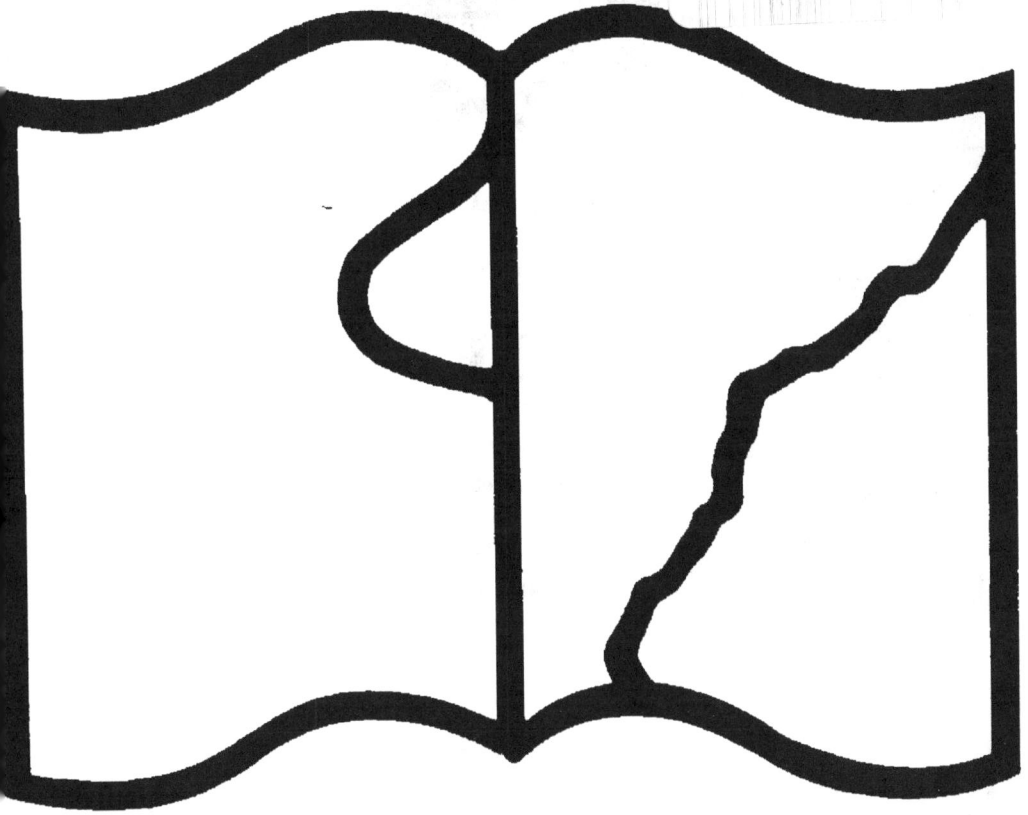

Texte détérioré — reliure défectueuse

NF Z 43-120-11

RAPPORT

DE M. ARAGO

SUR LE

DAGUERRÉOTYPE,

Lu à la séance de la Chambre des Députés
le 3 juillet 1839,

ET

A L'ACADÉMIE DES SCIENCES,

séance du 19 août.

Paris,

BACHELIER, IMPRIMEUR-LIBRAIRE

Du Bureau des Longitudes, etc.,

QUAI DES AUGUSTINS, 55.

—

1839

RAPPORT

DE M. ARAGO

SUR LE

DAGUERRÉOTYPE.

IMPRIMERIE DE BACHELIER,
rue du Jardinet, 12

RAPPORT

DE M. ARAGO

SUR LE

DAGUERRÉOTYPE,

Lu à la séance de la Chambre des Députés
le 3 juillet 1839,

ET

A L'ACADÉMIE DES SCIENCES,

séance du 19 août

Paris,

BACHELIER, IMPRIMEUR-LIBRAIRE

Du Bureau des Longitudes, etc.,

QUAI DES AUGUSTINS, 55.

—

1839

RAPPORT

DE M. ARAGO

SUR LE

DAGUERRÉOTYPE,

Lu à la séance de la Chambre des Députés
le 3 juillet 1839,

ET

A L'ACADÉMIE DES SCIENCES,

séance du 19 août

———◦———

Avant d'entrer dans les considérations théoriques et techniques qui doivent le conduire à l'explication du *Daguerréotype*, M. Arago exprime le regret que l'inventeur de cet ingénieux appareil n'ait pas pu se charger lui-même d'en développer toutes les propriétés devant l'Académie. Ce matin encore, ajoute M. Arago, j'ai prié, j'ai supplié l'habile artiste de vouloir bien se rendre à un vœu qui me semblait devoir être partagé par tout le monde; mais un violent mal de gorge ; mais la crainte de ne pas se rendre intelligible sans le secours de planches; mais un peu de timidité, ont été des obstacles que je n'ai pas su vaincre. J'espère que l'Académie voudra bien me tenir quelque compte de l'obligation où je me trouve de lui faire, et même sans y être suffisamment préparé, une simple communication verbale sur des sujets si délicats (1).

Un physicien napolitain, *Jean-Baptiste*

---

(1) En l'absence de tout guide pour retrouver non-seulement les expressions dont le Secrétaire de l'Académie s'est servi, mais encore l'ordre de ses développements, nous avons cru, après quelque hésitation, devoir reproduire les principaux passages du rapport écrit que M. Arago présenta à la Chambre des Députés, en expliquant aujourd'hui dans des notes ce qui, devant la Chambre, devait rester secret.

Porta, reconnut, il y a environ deux siècles, que si l'on perce *un très petit trou* dans le volet de la fenêtre d'une chambre bien close, ou, mieux encore, dans une plaque métallique mince appliquée à ce volet, tous les objets extérieurs dont les rayons peuvent atteindre le trou, vont se peindre sur le mur de la chambre qui lui fait face, avec des dimensions réduites ou agrandies, suivant les distances; avec des formes et des situations relatives exactes, du moins dans une grande étendue du tableau; avec les couleurs naturelles. *Porta* découvrit, peu de temps après, que le trou n'a nullement besoin d'être petit; qu'il peut avoir une largeur quelconque quand on le couvre d'un de ces verres bien polis, qui, à raison de leur forme, ont été appelés des lentilles.

Les images produites par l'intermédiaire du trou ont peu d'intensité. Les autres brillent d'un éclat proportionnel à l'étendue superficielle de la lentille qui les en-

gendre. Les premières ne sont jamais
exemptes de confusion. Les images des
lentilles, au contraire, quand on les reçoit exactement au foyer, ont des contours d'une grande netteté. Cette netteté
est devenue vraiment étonnante depuis
l'invention des lentilles achromatiques ;
depuis qu'aux lentilles simples, compo-
sées d'une seule espèce de verre, et possé-
dant, dès-lors, autant de foyers distincts
qu'il y a de couleurs différentes dans la
lumière blanche, on a pu substituer des
lentilles achromatiques, des lentilles qui
réunissent tous les rayons possibles dans
un seul foyer ; depuis, aussi, que la forme
périscopique a été adoptée.

Porta fit construire des chambres noires
portatives. Chacune d'elles était composée
d'un tuyau, plus ou moins long, armé
d'une lentille. L'écran blanchâtre en papier ou en carton sur lequel les images al-
laient se peindre, occupait le foyer. Le
physicien napolitain destinait ses petits ap-

pareils aux personnes qui ne savent pas dessiner. Suivant lui , pour obtenir des vues parfaitement exactes des objets les plus compliqués, il devait suffire de suivre, avec la pointe d'un crayon, les contours de l'image focale.

Ces prévisions de *Porta* ne se sont pas complétement réalisées. Les peintres, les dessinateurs, ceux particulièrement qui exécutent les vastes toiles des panoramas et des dioramas, ont bien encore quelquefois recours à la chambre noire; mais c'est seulement pour tracer, en masse, les contours des objets; pour les placer dans les vrais rapports de grandeur et de position; pour se conformer à toutes les exigences de la *perspective linéaire.* Quant aux effets dépendants de l'imparfaite diaphanéité de notre atmosphère, qu'on a caractérisés par le terme assez impropre de *perspective aérienne,* les peintres exercés eux-mêmes n'espéraient pas que, pour les reproduire avec exactitude, la chambre obscure pût leur être d'aucun secours. Aussi, n'y a-t-il personne qui, après avoir remarqué la netteté de contours, la vérité de formes et de couleur, la dégradation exacte de teintes qu'offrent les images engendrées par cet instrument, n'ait vivement regretté qu'elles ne se conservassent pas d'*elles-mêmes;* n'ait appelé de ses vœux la découverte de quelque moyen de les fixer sur l'écran focal. Aux yeux de tous, il faut également le dire, c'était là un rêve destiné à prendre place parmi les conceptions extravagantes d'un Wilkins ou d'un Cyrano de Bergerac. Le rêve, cependant, vient de se réaliser. Prenons l'invention dans son germe et marquons-en soigneusement les progrès.

Les alchimistes réussirent jadis à unir l'argent à l'acide marin. Le produit de la combinaison était un sel blanc qu'ils appelèrent *lune* ou *argent corné* (1). Ce sel

---

(1) Dans l'ouvrage de Fabricius (*De rebus me-*

jouit de la propriété remarquable de noircir à la lumière, de noircir d'autant plus vite que les rayons qui le frappent sont plus vifs. Couvrez une feuille de papier d'une couche d'argent corné ou, comme on dit aujourd'hui, d'une couche de chlorure d'argent; formez sur cette couche, à l'aide d'une lentille, l'image d'un objet; les parties obscures de l'image, les parties sur lesquelles ne frappe aucune lumière resteront blanches; les parties fortement éclairées deviendront complétement noires; les demi-teintes seront représentées par des gris plus ou moins foncés.

Placez une gravure sur du papier enduit

---

tallicis), imprimé en 1566, il est déjà longuement question d'une sorte de *mine d'argent* qu'on appelait *argent corné*, ayant la couleur et la transparence de la corne, la fusibilité et la mollesse de la cire. Cette substance, exposée à la lumière, passait du *gris jaunâtre au violet*, et, par une action plus long-temps prolongée, *presque au noir*. C'était l'argent corné naturel.

de chlorure d'argent, et exposez le tout à
la lumière solaire, la gravure en dessus.
Les tailles remplies de noir arrêteront les
rayons; les parties de l'enduit que ces
tailles touchent et recouvrent, conserve-
ront leur blancheur primitive. Dans les régions correspondantes, au contraire, à
celles de la planche où l'eau forte, le bu-
rin n'ont pas agi, là où le papier a conservé
sa demi-diaphanéité, la lumière solaire
passera et ira noircir la couche saline. Le
résultat nécessaire de l'opération sera donc
une image semblable à la gravure par la
forme, mais inverse quant aux teintes : le
blanc s'y trouvera reproduit en noir, et
réciproquement.

Ces applications de la si curieuse propriété du chlorure d'argent, découverte
par les anciens alchimistes, sembleraient
devoir s'être présentées d'elles-mêmes et de
bonne heure; mais ce n'est pas ainsi que
procède l'esprit humain. Il nous faudra
descendre jusqu'aux premières années du

xixe siècle pour trouver les premières tra-
ces de l'art photographique.

Alors Charles, notre compatriote, se
servira, dans ses cours, d'un papier enduit, pour engendrer des silhouettes à
l'aide de l'action lumineuse. Charles est
mort sans décrire la préparation dont il
faisait usage; et comme, sous peine de tom-
ber dans la plus inextricable confusion,
l'historien des sciences ne doit s'appuyer
que sur des documents imprimés, authentiques, il est de toute justice de faire remonter les premiers linéaments du nouvel
art à un Mémoire de Wedgwood, ce fa-
bricant si célèbre, dans le monde indus-
triel, par le perfectionnement des poteries
et par l'invention d'un pyromètre destiné
à mesurer les plus hautes températures.

Le mémoire de Wedgwood parut en
1802, dans le numéro de juin du journal
Of the royal Institution of Great Britain.
L'auteur veut, soit à l'aide de peaux, soit

avec des papiers enduits de chlorure ou de nitrate d'argent, copier les peintures des vitraux des églises, copier des gravures. « Les images de la chambre obscure (nous » rapportons fidèlement un passage du mé- » moire), il les trouve trop faibles pour » produire, dans un temps modéré, de » l'effet sur du nitrate d'argent. » (*The images formed by means of a camera obscura, have been found to be too faint to produce, in any moderate time, an effect upon the nitrate of silver.*)

Le commentateur de Wedgwood, l'illustre Humphry Davy, ne contredit pas l'assertion relative aux images de la chambre obscure. Il ajoute seulement, quant à lui, qu'il est parvenu à copier de très petits objets au microscope solaire, mais seulement à *une courte distance de la lentille.*

Au reste, ni Wedgwood, ni sir Humphry Davy ne trouvèrent le moyen, l'opération une fois terminée, d'enlever à leur enduit (qu'on nous passe l'expression), d'enlever à la toile de leurs tableaux, la propriété de se noircir à la lumière. Il en résultait que les copies qu'ils avaient obtenues ne pouvaient être examinées au grand jour; car au grand jour tout, en très peu de temps, y serait devenu d'un noir uniforme. Qu'était-ce, en vérité, qu'engendrer des images sur lesquelles on ne pouvait jeter un coup d'œil qu'à la dérobée, et même seulement à la lumière d'une lampe; qui disparaissaient en peu d'instants, si on les examinait au jour?

Après les essais imparfaits, insignifiants, dont nous venons de donner l'analyse, nous arriverons, sans rencontrer sur notre route aucun intermédiaire, aux recherches de MM. Niépce et Daguerre.

Feu M. Niépce était un propriétaire retiré dans les environs de Châlon-sur-Saône. Il consacrait ses loisirs à des recherches scientifiques. Une d'elles, concernant certaine machine où la force élastique de l'air brusquement échauffé devait remplacer l'action de la vapeur, subit, avec assez de succès, une épreuve fort délicate : l'examen de l'Académie des Sciences. Les recherches photographiques de M. Niépce paraissent remonter jusqu'à l'année 1814. Ses premières relations avec M. Daguerre sont du mois de janvier 1826. L'indiscrétion d'un opticien de Paris lui apprit alors que M. Daguerre était occupé d'expériences ayant aussi pour but de fixer les images de la chambre obscure. Ces faits sont consignés dans des lettres que nous avons eues sous les yeux. En cas de contestation, la date *certaine* des premiers travaux photographiques de M. Daguerre, serait donc l'année 1826.

M. Niépce se rendit en Angleterre en 1827. Dans le mois de décembre de cette même année, il présenta un Mémoire sur ses travaux photographiques à la Société royale de Londres. Le mémoire était ac-

compagné de plusieurs échantillons sur
métal, produits des méthodes déjà découvertes alors par notre compatriote. A l'oc-
casion d'une réclamation de priorité, ces
échantillons, encore en bon état, sont
loyalement sortis naguère des collections
de divers savants anglais. Ils prouvent, sans
réplique, que *pour la copie photographique
des gravures*, que pour la formation, à
l'usage des graveurs, de planches à l'état
d'ébauches avancées, M. Niépce connaissait, en 1827, le moyen de faire corres-
pondre les ombres aux ombres, les demi-
teintes aux demi-teintes, les clairs aux
clairs; qu'il savait, de plus, ces copies une
fois engendrées, les rendre insensibles à l'action ultérieure et noircissante des rayons
solaires. En d'autres termes, par le choix
de ses enduits, l'ingénieux expérimenta-
teur de Châlon résolut, dès 1827, un problème qui avait défié la haute sagacité d'un
Wedgwood, d'un Humphry Davy.

L'acte d'association (enregistré) de

MM. Niépce et Daguerre, pour l'exploitation en commun des méthodes photographiques, est du 14 décembre 1829. Les actes postérieurs, passés entre M. Isidore Niépce fils, comme héritier de son père, et M. Daguerre, font mention, premièrement, de perfectionnements apportés par le peintre de Paris aux méthodes du physicien de Châlon; en second lieu, de procédés entièrement neufs, découverts par M. Daguerre, et doués de l'avantage (ce sont les propres expressions d'un des actes) « de reproduire les images avec soixante » ou quatre-vingts fois plus de promptitude » que les procédés anciens.

Dans ce que nous disions tout-à-l'heure des travaux de M. Niépce, on aura sans doute remarqué ces mots restrictifs : *pour la copie photographique des gravures*. C'est qu'en effet, après une multitude d'essais infructueux, M. Niépce avait, lui aussi, à peu près renoncé à reproduire les images formées dans la chambre obscure; c'est

que les préparations dont il faisait usage,
ne se modifiaient pas assez vite sous l'action lumineuse; c'est qu'il lui fallait dix à
douze heures pour engendrer un dessin;
c'est que, pendant de si longs intervalles
de temps, les ombres portées se dépla-
çaient beaucoup; c'est qu'elles passaient
de la gauche à la droite des objets; c'est
que ce mouvement, partout où il s'opérait,
donnait naissance à des teintes plates, uni-
formes; c'est que, dans les produits d'une
méthode aussi défectueuse, tous les effets
résultant des contrastes d'ombres et de lumière étaient perdus; c'est que malgré ces im-
menses inconvénients, on n'était pas même
toujours sûr de réussir; c'est qu'après des
précautions infinies, des causes insaisissa-
bles, fortuites, faisaient qu'on avait tantôt
un résultat passable, tantôt une image in-
complète ou qui laissait çà et là de larges la-
cunes; c'est, enfin, qu'exposés *aux rayons*
solaires, les enduits sur lesquels les images se dessinaient, s'ils ne noircissaient

pas, se divisaient, se séparaient par petites écailles (1).

En prenant la contre-partie de toutes ces

---

(1) Voici une indication abrégée du procedé de M. *Niépce* et des perfectionnements que M. *Daguerre* y apporta.

M. *Niépce* faisait dissoudre du *bitume sec de Judée* dans de l'huile de lavande. Le résultat de cette évaporation était un vernis épais que le physicien de Châlon appliquait *par tamponnement* sur une lame métallique polie, par exemple, sur du cuivre plaqué, ou recouvert d'une lame d'argent.

La plaque, après avoir été soumise à une douce chaleur, restait couverte d'une couche adhérente et blanchâtre : c'était le bitume en poudre.

La planche ainsi recouverte était placée au foyer de la chambre noire. Au bout d'un certain temps on apercevait sur la poudre de faibles linéaments de l'image. M. Niépce eut la pensée ingénieuse que ces traits, peu perceptibles, pourraient être renforcés. En effet, en plongeant sa plaque dans un mélange d'huile de lavande et de pétrole, il reconnut que les régions de l'enduit *qui avaient été exposées à la lumière*, restaient presque intactes, tandis que imperfections, on aurait une énumération, à peu près complète, des mérites de la méthode que M. Daguerre a découverte, à la

---

les autres se dissolvaient rapidement et laissaient ensuite le metal à nu. Après avoir lavé la plaque avec de l'eau, on avait donc l'image formée dans la chambre noire, les clairs correspondant aux clairs et les ombres aux ombres. Les clairs étaient formés par la lumière diffuse, provenant de la matière blanchâtre et non polie du bitume ; les ombres, par les parties polies et dénudées du miroir : à la condition, bien entendu, que ces parties se *miraient* dans des objets sombres ; à la condition qu'on les plaçait dans une telle position qu'elles ne pussent pas envoyer *spéculairement* vers l'œil quelque lumière un peu vive. Les demi-teintes, quand elles existaient, pouvaient résulter de la partie du vernis qu'une pénétration partielle du dissolvant avait rendue moins mate que les régions restées intactes.

Le bitume de Judée réduit en poudre impalpable, n'a pas une teinte blanche bien prononcée. On serait plus près de la vérité en disant qu'il est gris. Le contraste entre les clairs et l'ombre, dans les dessins de M. *Niépce*, était donc très peu marqué. Pour ajouter à l'effet, l'auteur avait songé à noircir, *après*

suite d'un nombre immense d'essais minutieux, pénibles, dispendieux.

Les plus faibles rayons modifient la

---

coup, les parties nues du métal, à les faire attaquer
soit par le sulfure de potasse, soit par l'iode; mais
il paraît n'avoir pas songé que cette dernière substance exposée à la lumière du jour, aurait éprouvé
des changements continuels. En tout cas, on voit
que M. *Niépce* ne prétendait pas se servir d'iode
comme substance *sensitive*; qu'il ne voulait l'appli-
quer qu'à titre de substance noircissante, et seulement *après la formation de l'image dans la chambre
noire;* après le renforcement ou, si on l'aime mieux,
après le dégagement de cette image par l'action du
dissolvant. Dans une pareille opération que seraient
devenues les demi-teintes?

Au nombre des principaux inconvénients de la
methode de M. *Niépce,* il faut ranger cette circonstance qu'un dissolvant trop fort enlevait quelquefois
le vernis par places, à peu près en totalité, et qu'un
dissolvant trop faible ne dégageait pas suffisamment l'image. La réussite n'était jamais assurée.

M. *Daguerre* imagina une méthode qu'on appela
la*méthode Niépce perfectionnée.* Il substitua d'abord

substance du Daguerréotype. L'effet se produit avant que les ombres solaires aient eu le temps de se déplacer d'une manière appréciable. Les résultats sont certains, si l'on

---

le résidu de la distillation de l'huile de lavande au bitume, à cause de sa plus grande blancheur et de sa plus grande sensibilité. Ce résidu était dissous dans l'alcool ou dans l'éther. Le liquide déposé ensuite en une couche très mince et horizontale sur le métal y laissait, en s'évaporant, un enduit pulvérulent uniforme, résultat qu'on n'obtenait pas par tamponnement.

Après l'exposition de la plaque, ainsi préparée, au foyer de la chambre noire, M. *Daguerre* la plaçait horizontalement et à distance au-dessus d'un vase contenant une huile essentielle légèrement chauffée. Dans cette opération, renfermée entre des limites convenables et qu'un simple coup d'œil, au reste, permettait d'apprécier,

La vapeur provenant de l'huile, laissait intactes les particules de l'enduit pulvérulent qui avaient reçu l'action d'une vive lumière;

Elle pénétrait partiellement, et plus ou moins, les régions du même enduit qui, dans la chambre noire, correspondaient aux demi-teintes.

se conforme à des prescriptions très simples. Enfin, les images une fois produites,
l'action des rayons du soleil, continuée

Les parties restées dans l'ombre étaient, elles,
pénétrées entièrement.

Ici le métal ne se montrait à nu dans aucune des
parties du dessin ; ici les clairs étaient formés par
une agglomération d'une multitude de particules
blanches et très mates ; les demi-teintes par des
particules également condensées, mais dont la vapeur avait plus ou moins affaibli la blancheur et
le mat ; les ombres par des particules, toujours en
même nombre, et devenues entièrement diaphanes.

Plus d'éclat, une plus grande variété de tons,
plus de régularité, la certitude de réussir dans
la manipulation, de ne jamais emporter aucune
portion de l'image, tels étaient les avantages de
la méthode modifiée de M. Daguerre, sur celle de
M. *Niépce ;* malheureusement le résidu de l'huile
de lavande, quoique plus sensible à l'action de la
lumière que le bitume de Judée, est encore assez
paresseux pour que les dessins ne commencent à y
poindre qu'après un temps fort long.

Le genre de modification que le résidu de l'huile
de lavande reçoit par l'action de la lumière et à la

pendant des années, n'en altère ni la pureté, ni l'éclat, ni l'harmonie.

A l'inspection de plusieurs des tableaux

---

suite duquel les vapeurs des huiles essentielles pénètrent cette matière plus ou moins difficilement, nous est encore inconnu. Peut-être doit-on le regarder comme un simple dessèchement de particules; peut-être ne faut-il y voir qu'un nouvel arrangement moléculaire. Cette double hypothèse expliquerait comment la modification s'affaiblit graduellement et disparaît à la longue, même dans la plus profonde obscurité.

Le Daguerréotype.

Dans le procédé auquel le public reconnaissant a donné le nom de *Daguerréotype*, l'enduit de la lame de plaqué, *la toile du tableau* qui reçoit les images, est une couche *jaune d'or* dont la lame se recouvre lorsqu'on la place horizontalement, pendant un certain temps et l'argent en dessous, dans une boîte au fond de laquelle il y a quelques parcelles d'iode abandonnées à *l'évaporation spontanée*.

Quand cette plaque sort de la chambre obscure, *on n'y voit absolument aucun trait*. La couche jau-

qui ont passé sous vos yeux, chacun son-
gera à l'immense parti qu'on aurait tiré,
pendant l'expédition d'Égypte, d'un moyen
de reproduction si exact et si prompt; cha-

---

nâtre *d'iodure d'argent* qui a reçu l'image, paraît
encore d'une nuance parfaitement uniforme dans
toute son étendue.

Toutefois, si la plaque est exposée, dans une seconde boîte, au courant ascendant *de vapeur mercurielle* qui s'élève d'une capsule où le liquide est
monté, par l'action d'une lampe à esprit de vin,
à 75° centigrades, cette vapeur produit aussitôt le
plus curieux effet. Elle s'attache en abondance aux
parties de la surface de la plaque qu'une vive *lumière
a frappées;* elle laisse intactes les régions restées
dans l'ombre; enfin, elle se précipite sur les espaces
qu'occupaient les demi-teintes, en plus ou moins
grandes quantités, suivant que par leur intensité ces
demi-teintes se rapprochaient plus ou moins des
parties claires ou des parties noires. En s'aidant de
la faible lumière d'une chandelle, l'opérateur peut
suivre, pas à pas, la formation graduelle de l'image;
il peut voir la vapeur mercurielle, comme un pin-
ceau de la plus extrême délicatesse, aller marquer
du ton convenable chaque partie de la plaque.

cun sera frappé de cette réflexion, que si la photographie avait été connue en 1798, nous aurions aujourd'hui des images fidèles d'un bon nombre de tableaux em-

---

L'image de la chambre noire ainsi reproduite, on doit empêcher que la lumière du jour ne l'altère. M. *Daguerre* arrive à ce résultat, en agitant la plaque dans de *l'hyposulfite de soude* et en la lavant ensuite avec de *l'eau distillée chaude.*

D'après M. *Daguerre*, l'image se forme mieux sur une lame de plaqué (sur une lame d'argent superposée à une lame de cuivre), que sur une lame d'argent isolée. Ce fait, en le supposant bien établi, semblerait prouver que l'électricité joue un rôle dans ces curieux phénomènes.

La lame de plaqué doit être d'abord poncée, et décapée ensuite avec l'acide nitrique étendu d'eau. L'influence si utile que joue ici l'acide, pourrait bien tenir, comme le pense M. Pelouze, à ce que l'acide enlève à la surface de l'argent les dernières molécules de cuivre.

Quoique l'épaisseur de la couche jaune d'iode, d'après diverses pesées de M. *Dumas*, ne semble pas devoir s'élever à *un millionnième de millimètre*, il importe, pour la parfaite dégradation des ombres

3..

blématiques, dont la cupidité des Arabes
et le vandalisme de certains voyageurs, ont
privé à jamais le monde savant.

Pour copier les millions et millions d'hié-

---

et des lumières, que cette épaisseur soit exactement
la même partout. M. *Daguerre* empêche qu'il se
dépose plus d'iode aux bords qu'au centre, en
mettant autour de sa plaque une languette du même
métal, large d'un doigt et qu'on fixe avec des clous
sur la tablette en bois qui porte le tout. On ne sait
pas encore expliquer d'une manière satisfaisante, le
mode physique d'action de cette languette.

Voici une circonstance non moins mysterieuse : si
l'on veut que l'image produise le maximum d'effet
dans la position ordinaire des tableaux (dans la
position verticale), il sera nécessaire que la plaque
se présente sous l'inclinaison de 45°, au courant
ascendant vertical de la vapeur mercurielle. Si la
plaque etait horizontale au moment de la précipitation du mercure, au moment de la naissance de
l'image, ce serait sous l'angle de 45° qu'il faudrait la
regarder pour trouver le maximum d'effet.

Quand on cherche à expliquer le singulier procédé de M. *Daguerre*, il se présente immédiatement

roglyphes qui couvrent, même à l'exté-
rieur, les grands monuments de Thèbes,
de Memphis, de Karnak, etc., il faudrait
des vingtaines d'années et des légions de
dessinateurs. Avec le Daguerréotype, un

à l'esprit l'idée que la lumière, dans la chambre
obscure, détermine la vaporisation de l'iode partout
où elle frappe la couche dorée ; que là le métal est
mis à nu ; que la vapeur mercurielle agit librement
sur ces parties dénudées, pendant la seconde opération, et y produit un amalgame blanc et mat; que
le lavage avec l'hyposulfite a pour but, chimique-
ment, l'enlèvement des parties d'iode dont la lumière n'a pas produit le dégagement; artistique-
ment, la mise à nu des parties miroitantes qui
doivent faire les noirs.

Mais dans cette théorie, que seraient ces demi-
teintes sans nombre et si merveilleusement dégra-
dées qu'offrent les dessins de M. Daguerre? Un seul
fait prouvera d'ailleurs que les choses ne sont pas
aussi simples :

La lame de plaqué n'augmente pas de poids d'une
manière appréciable en se couvrant de la couche
d'iode jaune d'or. L'augmentation, au contraire,
est très sensible sous l'action de la vapeur mercu-

seul homme pourrait mener à bonne fin
cet immense travail. Munissez l'institut
d'Égypte de deux ou trois appareils de
M. Daguerre, et sur plusieurs des grandes
planches de l'ouvrage célèbre, fruit de no-

---

rielle ; eh bien ! M. Pelouze s'est assuré qu'après le
lavage dans l'hyposulfite, la plaque, malgré la présence d'un peu d'amalgame à la surface, *pèse moins
qu'avant de commencer l'opération.* L'hyposulfite enlève donc de l'argent. L'examen chimique du liquide
montre qu'il en est réellement ainsi.

Pour rendre compte des effets de lumière que les
dessins de M. Daguerre présentent, il semblait suffi-
sant d'admettre que la lame d'argent se couvrait,
pendant l'action de la vapeur mercurielle, de sphérules d'amalgame ; que ces sphérules, très rappro-
chées dans les clairs, diminuaient graduellement en
nombre dans les demi-teintes, jusqu'aux noirs où il
ne devait y en avoir aucune.

La conjecture du physicien a été vérifiée. M. *Dumas* a reconnu au microscope que les clairs et les
demi-teintes sont réellement formés par des sphérules
dont le diamètre lui a paru, ainsi qu'à M. Adolphe
Brongniart, être très régulièrement *d'un huit-cen-
tième de millimètre.* Mais alors pourquoi la nécessité

tre immortelle expédition, de vastes éten-
dues d'hiéroglyphes réels iront remplacer
des hiéroglyphes fictifs ou de pure con-
vention ; et les dessins surpasseront partout en fidélité, en couleur locale, les œu-
vres des plus habiles peintres ; et les images
photographiques étant soumises dans leur
formation aux règles de la géométrie, per-
mettront, à l'aide d'un petit nombre de
données, de remonter aux dimensions
exactes des parties les plus élevées, les plus
inaccessibles des édifices.

---

d'une inclinaison de la plaque de 45°, au moment
de la précipitation de la vapeur mercurielle. Cette
inclinaison, en la supposant indispensable avec
M. Daguerre, ne semblait-elle pas indiquer l'inter-
vention d'aiguilles ou de filets cristallins qui se pre-
naient, qui se solidifiaient, qui se groupaient toujours verticalement dans un liquide parfait ou dans
un demi-liquide, et avaient ainsi, relativement à la
plaque, une position dépendante de l'inclinaison
qu'on avait donnée à celle-ci ?

On fera peut-être des milliers de beaux dessins
avec le *Daguerréotype*, avant que son mode d'action
ait été bien complétement analysé.

Ces souvenirs où les savants, où les artistes, si zélés et si célèbres attachés à l'armée d'Orient, ne pourraient, sans se méprendre étrangement, trouver l'ombre d'un blâme, reporteront sans doute les pensées vers les travaux qui s'exécutent aujourd'hui dans notre propre pays, sous le contrôle de la Commission des monuments historiques. D'un coup d'œil, chacun apercevra alors l'immense rôle que les procédés photographiques sont destinés à jouer dans cette grande entreprise nationale ; chacun comprendra aussi que les nouveaux procédés se distingueront par l'économie, genre de mérite qui, pour le dire en passant, marche rarement dans les arts avec la perfection des produits.

Se demande-t-on, enfin, si l'art, envisagé en lui-même, doit attendre quelques progrès de l'examen, de l'étude de ces images dessinées par ce que la nature offre de plus subtil, de plus délié : par des rayons lumineux ? M. Paul Delaroche va nous répondre.

Dans une Note rédigée à notre prière, *ce* peintre célèbre déclare que les procédés de M. Daguerre « portent si loin la perfection » de certaines conditions essentielles de » l'art, qu'ils deviendront pour les pein- » tres, même les plus habiles, un sujet » d'observations et d'études. » Ce qui le frappe dans les dessins photographiques, c'est que « le fini d'un précieux inimagi- » nable, ne trouble en rien la tranquillité » des masses, ne nuit en aucune manière à » l'effet général. » « La correction des li- » gnes, dit ailleurs M. Delaroche, la préci- » sion des formes est aussi complète que » possible dans les dessins de M. Daguerre, » et l'on y reconnaît en même temps un » modelé large, énergique, et un ensemble » aussi riche de ton que d'effet.... Le pein- » tre trouvera dans ce procédé un moyen » prompt de faire des collections d'études » qu'il ne pourrait obtenir autrement qu'a- » vec beaucoup de temps, de peine et d'une » manière bien moins parfaite, quel que » fût d'ailleurs son talent. » Après avoir combattu par d'excellents arguments les opinions de ceux qui se sont imaginé que la photographie nuirait à nos artistes et surtout à nos habiles graveurs, M. Delaroche termine sa Note par cette réflexion : « En ré- » sumé, l'admirable découverte de M. Da- » guerre est un immense service rendu aux » arts. »

Nous ne commettrons pas la faute de rien ajouter à un pareil témoignage.

Parmi les questions que nous nous sommes posées, figure nécessairement celle de savoir si les méthodes photographiques pourront devenir usuelles.

Sans divulguer ce qui est, ce qui doit rester secret jusqu'à l'adoption, jusqu'à la promulgation de la loi, nous pouvons dire que les tableaux sur lesquels la lumière engendre les admirables dessins de M. Daguerre, sont des tables de plaqué, c'est-à-dire des planches de cuivre recouvertes sur une de leurs faces d'une mince feuille d'argent. Il eût été sans doute préférable pour la commodité des voyageurs, et aussi, sous le point de vue économique, qu'on pût se servir de papier. Le papier imprégné de chlorure ou de nitrate d'argent, fut, en effet, la première substance dont M. Daguerre fit choix ; mais le manque de sensibilité, la confusion des images, le peu de certitude des résultats, les accidents qui résultaient souvent de l'opération destinée à transformer les clairs en noirs et les noirs en clairs, ne pouvaient manquer de décourager un si habile artiste. S'il eût persisté dans cette première voie, ses dessins photographiques figureraient peut-être dans les collections, à titres de produits d'une expérience de physique curieuse ; mais, assurément, les Chambres n'auraient pas eu à s'en occuper. Au reste, si trois ou quatre francs, prix de chacune des plaques dont M. Daguerre fait usage, paraissent un prix élevé, il est juste de dire que la même planche peut recevoir successivement cent dessins différents.

Le succès inoui de la méthode actuelle de M. Daguerre tient en partie à ce qu'il opère sur une couche de matière d'une minceur extrême, sur une véritable pellicule. Nous n'avons donc pas à nous occuper du prix des ingrédients qui la composent. Ce prix, par sa petitesse, ne serait vraiment pas assignable.

Le Daguerréotype ne comporte pas une seule manipulation qui ne soit à la portée de tout le monde. Il ne suppose aucune connaissance de dessin, il n'exige aucune dextérité manuelle. En se conformant, de point en point, à certaines prescriptions très simples et très peu nombreuses, il n'est personne qui ne doive réussir aussi certainement et aussi bien que M. Daguerre lui-même.

La promptitude de la méthode est peut-être ce qui a le plus étonné le public. En effet, dix à douze minutes sont à peine nécessaires dans les temps sombres de l'hiver, pour prendre la vue d'un monument, d'un quartier de ville, d'un site.

En été, par un beau soleil, ce temps peut être réduit de moitié. Dans les climats du Midi, deux à trois minutes suffiront certainement. Mais, il importe de le remarquer, ces dix à douze minutes d'hiver, ces cinq à six minutes d'été, ces deux à trois minutes des régions méridionales, expriment seulement le temps pendant lequel la lame de plaqué a besoin de recevoir l'image lenticulaire. A cela, il faut ajouter le temps du déballage et de l'arrangement de la chambre noire, le temps de la préparation de la plaque, le temps que dure la petite opération destinée à rendre le tableau, une fois créé, insensible à l'action lumineuse. Toutes ces opérations réunies pourront s'élever à trente minutes ou à trois quarts d'heure. Ils se faisaient donc illusion, ceux qui, naguère, au moment d'entreprendre un voyage, déclaraient vouloir profiter de tous les moments où

la diligence gravirait lentement des mon-
tées, pour prendre des vues du pays.
On ne s'est pas moins trompé lorsque,
frappé des curieux résultats obtenus par
des reports de pages, de gravures des plus
anciens ouvrages, on a rêvé la reproduction, la multiplication des dessins photographiques par des reports lithographi-
ques. Ce n'est pas seulement dans le monde
moral qu'on a les défauts de ses qualités :
la maxime trouve souvent son application
dans les arts. C'est au poli parfait, à l'in-
calculable minceur de la couche sur laquelle M. Daguerre opère, que sont dus le
fini, le velouté, l'harmonie des dessins
photographiques. En frottant, en tampon-
nant de pareils dessins, en les soumettant
à l'action de la presse ou du rouleau, on
les détruirait sans retour. Aussi, personne
imagina-t-il jamais de tirailler fortement un
ruban de dentelles, ou de brosser les ailes
d'un papillon (1)?

---

(1) La nécessité de préserver de tout contact les

L'académicien qui connaissait déjà depuis quelques mois les préparations sur lesquelles naissent de si beaux dessins, n'a pas cru devoir tirer encore parti du secret qu'il tenait de l'honorable confiance de M. Daguerre. Il a pensé qu'avant d'entrer dans la large carrière de recherches que les procédés photographiques viennent d'ouvrir aux physiciens, il était de sa délicatesse d'attendre qu'une rémunération nationale eût mis les mêmes moyens d'investigation aux mains de tous les observa-

---

dessins obtenus à l'aide du Daguerréotype, m'avait paru devoir être un obstacle sérieux à la propagation de la méthode. Aussi, pendant la discussion des chambres, demandais-je à cor et à cris, d'essayer quels seraient sur ces dessins les effets d'un vernis. M. *Daguerre* étant peu enclin à rien adopter qui nuise, même légèrement, aux propriétés artistiques de ses productions, j'ai adressé ma prière à M. *Dumas*. Ce célèbre chimiste a trouvé que les dessins provenant du Daguerréotype, peuvent être vernis. Il suffit de verser sur la plaque métallique, une dissolution bouillante *d'une* partie de dextrine dans teurs. Nous ne pourrons donc guère, en parlant de l'utilité scientifique de l'invention de notre compatriote, procéder que par voie de conjectures. Les faits, au reste, sont clairs, palpables, et nous avons peu à craindre que l'avenir nous démente.

La préparation sur laquelle M. Daguerre opère, est un réactif beaucoup plus sensible à l'action de la lumière que tous ceux dont on s'était servi jusqu'ici. Jamais les rayons de la lune, nous ne disons pas à l'état naturel, mais condensés au foyer de

---

cinq parties d'eau. Si l'on trouve que ce vernis n'agit pas *à la longue* sur les composés mercuriels dont l'image est formée, un important problème sera résolu. Le vernis, en effet, disparaissant quand on plonge la plaque au milieu d'une masse d'eau bouillante, on sera toujours le maître de replacer toutes choses comme M. *Daguerre* le veut, et, d'autre part, pendant un voyage on n'aura pas couru le risque de gâter ses collections. M. *Dumas* n'a pas trouvé, au reste, que son vernis nuisît sensiblement à l'harmonie des images.

la plus grande lentille, au foyer du plus large miroir réfléchissant, n'avaient produit d'effet physique perceptible. Les lames de plaqué préparées par M. Daguerre, blanchissent au contraire à tel point sous l'action de ces mêmes rayons et des opérations qui lui succèdent, qu'il est permis d'espérer qu'on pourra faire des cartes photographiques de notre satellite. C'est dire qu'en quelques minutes on exécutera un des travaux les plus longs, les plus minutieux, les plus délicats de l'astronomie.

Une branche importante des sciences d'observation et de calcul, celle qui traite de l'intensité de la lumière, la *photométrie,* a fait jusqu'ici peu de progrès. Le physicien arrive assez bien à déterminer les intensités comparatives de deux lumières voisines l'une de l'autre et qu'il aperçoit simultanément ; mais on n'a que des moyens imparfaits d'effectuer cette comparaison, quand la condition de simultanéité n'existe pas ; quand il faut opérer sur une lumière

4

visible à présent, et une lumière qui ne sera visible qu'après et lorsque la première aura disparu.

Les lumières artificielles de comparaison auxquelles, dans le cas dont nous venons de parler, l'observateur est réduit à avoir recours, sont rarement douées de la permanence, de la fixité désirables ; rarement, et surtout quand il s'agit des astres, nos lumières artificielles ont la blancheur nécessaire. C'est pour cela qu'il y a de fort grandes différences entre les déterminations des intensités comparatives du soleil et de la lune, du soleil et des étoiles, données par des savants également habiles ; c'est pour cela que les conséquences sublimes qui résultent de ces dernières comparaisons, relativement à l'humble place que notre soleil doit occuper parmi les milliards de soleils dont le firmament est parsemé, sont encore entourées d'une certaine réserve, même dans les ouvrages des auteurs les moins timides.

N'hésitons pas à le dire, les réactifs dé-
ouverts par M. Daguerre, hâteront les pro-
rès d'une des sciences qui honorent le
lus l'esprit humain. Avec leur sécours,
e physicien pourra procéder, désormais,
ar voie d'intensités absolues : il compa-
era les lumières par leurs effets. S'il y
rouve de l'utilité, le même tableau lui
lonnera des empreintes des rayons éblouis-
ants du soleil, des rayons trois cent mille
ois plus faibles de la lune, des rayons des
toiles. Ces empreintes, il les égalisera,
oit en affaiblissant les plus fortes lumières,
à l'aide de moyens excellents, résultat des
lécouvertes récentes, mais dont l'indication serait ici déplacée, soit en ne laissant
agir les rayons les plus brillants que pendant une seconde, par exemple, et conti-
nuant au besoin l'action des autres jusqu'à
une demi-heure. Au reste, quand des observateurs appliquent un nouvel instrument à l'étude de la nature, ce qu'ils en
ont espéré est toujours peu de chose relativement à la succession de découvertes

dont l'instrument devient l'origine. En ce genre, c'est sur l'*imprévu* qu'on doit particulièrement compter (1). Cette pensée semble-t-elle paradoxale? Quelques citations en montreront la justesse.

Des enfants attachent fortuitement deux

---

(1) Voici une application dont le Daguerreotype sera susceptible et qui me semble très digne d'intérêt :

L'observation a montré que le spectre solaire n'est pas continu, qu'il y existe des solutions de continuité transversales, des raies entièrement noires. Y a-t-il des solutions de continuité pareilles dans les rayons obscurs qui paraissent produire les effets photogeniques? S'il y en a, correspondent-elles aux raies noires du spectre lumineux?

Puisque plusieurs des raies transversales du spectre sont visibles à l'œil nu, ou quand elles se peignent sur la rétine sans amplification aucune, le problème que je viens de poser sera aisément résolu. On fera une sorte d'œil artificiel en plaçant une lentille entre le prisme et l'écran où tombera le spectre, et l'on cherchera ensuite, fût-ce même à l'aide d'une loupe, la place des raies noires de l'image photogénique, par rapport aux raies noires du spectre lumineux.

verres lenticulaires de différents foyers,
aux deux bouts d'un tube. Ils créent ainsi
un instrument qui grossit les objets éloi-
gnés, qui les représente comme s'ils s'é-
taient rapprochés. Les observateurs s'en
emparent avec la seule, avec la modeste
espérance de voir un peu mieux des astres,
connus de toute antiquité, mais qu'on n'a-
vait pu étudier jusque là que d'une manière
imparfaite. A peine, cependant, est-il
tourné vers le firmament, qu'on découv-
re des myriades de nouveaux mondes;
que, pénétrant dans la constitution des
six planètes des anciens, on la trouve ana-
logue à celle de notre terre, par des mon-
tagnes dont on mesure les hauteurs, par
des atmosphères dont on suit les bouleve-
sements, par des phénomènes de formation et de fusion de glaces polaires, analogues à ceux des pôles terrestres; par des
mouvements rotatifs semblables à celui
qui produit ici-bas l'intermittence des jours
et des nuits. Dirigé sur Saturne, le tube
des enfants du lunetier de Midlebourg y

dessine un phénomène dont l'étrangeté dé-
passe tout ce que les imaginations les plus
ardentes avaient pu rêver. Nous voulons
parler de cet anneau, ou, si on l'aime
mieux, de ce pont sans piles, de 71000
lieues de diamètre, de 11000 lieues de
largeur, qui entoure de tout côté le globe
de la planète, sans en approcher nulle
part, à moins de 9000 lieues. Quelqu'un
avait-il prévu qu'appliquée à l'observation
des quatre lunes de Jupiter, la lunette y
ferait voir que les rayons lumineux se meu-
vent avec une vitesse de 80000 lieues à la
seconde; qu'attachée aux instruments gra-
dués, elle servirait à *démontrer* qu'il
n'existe point d'étoiles dont la lumière
nous parvienne en moins de trois ans;
qu'en suivant enfin, avec son secours,
certaines observations, certaines analogies,
on irait jusqu'à conclure avec une immense
probabilité, que le rayon par lequel, dans
un instant donné, nous apercevons certaines nébuleuses, en était parti depuis plusieurs millions d'années; en d'autres ter-

nes, que ces nébuleuses, à cause de la propagation successive de la lumière, seraient visibles de la terre plusieurs millions d'années après leur anéantissement complet.

La lunette des objets voisins, *le microscope*, donnerait lieu à des remarques analogues, car la nature n'est pas moins admirable, n'est pas moins variée dans sa petitesse que dans son immensité. Appliqué d'abord à l'observation de quelques insectes dont les naturalistes désiraient seulement amplifier la forme afin de la mieux reproduire par la gravure, le microscope a dévoilé ensuite et inopinément dans l'air, dans l'eau, dans tous les liquides, ces animalcules, ces infusoires, ces étranges reproductions où l'on peut espérer de trouver un jour les premiers linéaments d'une explication rationnelle des phénomènes de la vie. Dirigé récemment sur des fragments menus de diverses pierres comprises parmi les plus dures, les plus compactes dont l'écorce de notre globe se compose, le mi-

croscope a montré aux yeux étonnés des
observateurs, que ces pierres ont vécu ,
qu'elles sont une pâte formée de milliards
de milliards d'animalcules microscopiques
soudés entre eux.

On se rappellera que cette digression
était destinée à détromper les personnes
qui voudraient, à tort, renfermer les applications scientifiques des procédés de
M. Daguerre, dans le cadre actuellement
prévu dont nous avions tracé le contour;
eh bien! les faits justifient déjà nos espé-
rances. Nous pourrions, par exemple, parler de quelques idées qu'on a eues sur les
moyens rapides d'investigation que le to-
pographe pourra emprunter à la photographie. Nous irons plus droit à notre but,
en consignant ici une observation singu-
lière dont M. Daguerre nous entretenait
naguère : suivant lui, les heures du matin
et les heures du soir également éloignées
de midi et correspondant, dès lors, à de
semblables hauteurs du soleil au-dessus de

l'horizon, ne sont pas, cependant, également favorables à la production des images
photographiques. Ainsi, dans toutes les
saisons de l'année, et par des circonstances
atmosphériques en apparence exactement
semblables, l'image se forme un peu plus
promptement à sept heures du matin, par
exemple, qu'à cinq heures de l'après-midi;
à huit heures qu'à quatre heures; à neuf
heures qu'à trois heures. Supposons ce résultat vérifié, et le météorologiste aura un
élément de plus à consigner dans ses tableaux; et aux observations anciennes de
l'état du thermomètre, du baromètre, de
l'hygromètre et de la diaphanéité de l'air,
il devra ajouter un élément que les premiers instruments n'accusent pas; et il faudra tenir compte d'une absorption particu-
lière, qui peut ne pas être sans influence
sur beaucoup d'autres phénomènes, sur
ceux même qui sont du ressort de la phy-
siologie et de la médecine (1).

_____

(1) La remarque de M. *Daguerre* sur la dissem-

Nous venons d'essayer de faire ressortir
tout ce que la découverte de M. Daguerre
offre d'intérêt, sous le quadruple rapport de
la nouveauté, de l'utilité artistique, de la
rapidité d'exécution et des ressources pré-
cieuses que la science lui empruntera. Nous
nous sommes efforcés de vous faire parta-
ger nos convictions, parce qu'elles sont
vives et sincères, parce que nous avons
tout examiné, tout étudié avec un scru-
pule religieux; parce que s'il eût été possi-

---

blance comparative et *constante* des effets de la
lumière solaire, à des heures de la journée où l'astre
est également élevé au-dessus de l'horizon, semble,
il faut l'avouer, devoir apporter des difficultés de
plus d'un genre dans les recherches photométriques
qu'on voudra entreprendre avec le Daguerréotype.

En général, on se montre peu disposé à admettre
que le même instrument servira jamais à faire des
portraits. Le problème renferme, en effet, deux
conditions, en apparence, inconciliables. Pour que
l'image naisse rapidement, c'est-à-dire pendant les
quatre ou cinq minutes d'immobilité qu'on peut
exiger et attendre d'une personne vivante, il faut
que la figure soit en plein soleil; mais en plein so-

ble de méconnaître l'importance du Daguerréotype et la place qu'il occupera dans l'estime des hommes, tous nos doutes auraient cessé en voyant l'empressement que les nations étrangères mettaient à se saisir d'une date erronée, d'un fait douteux, du plus léger prétexte, pour soulever des questions de priorité, pour essayer d'ajouter le brillant fleuron que formeront toujours les procédés photographiques, à la couronne des découvertes dont chacune d'elles se pare. N'oublions pas de le pro-

---

leil, une vive lumière forcerait la personne la plus impassible à un clignotement continuel; elle grimacerait; toute l'habitude faciale se trouverait changée.

Heureusement, M. *Daguerre* a reconnu, quant à l'iodure d'argent dont les plaques sont recouvertes, que les rayons qui traversent certains verres bleus, y produisent la presque totalité des effets photogéniques. En plaçant un de ces verres entre la personne qui pose et le soleil, on aura donc une image photogénique presque tout aussi vite que si le verre n'existait pas, et cependant, la lumière éclairante étant alors très douce, il n'y aura plus lieu à grimace ou à clignotements trop répétés.

clamer, toute discussion sur ce point a
cessé, moins encore en présence de titres
d'antériorité authentiques, incontestables,
sur lesquels MM. Niépce et Daguerre se
sont appuyés, qu'à raison de l'incroyable
perfection que M. Daguerre a obtenue. S'il
le fallait, nous ne serions pas embarrassé
de produire ici des témoignages des hommes
les plus éminents de l'Angleterre, de l'Al-
lemagne, et devant lesquels pâlirait complétement ce qui a été dit chez nous de plus
flatteur, touchant la découverte de notre
compatriote. Cette découverte, la France
l'a adoptée; dès le premier moment elle
s'est montrée fière de pouvoir en doter li-
béralement le monde entier (1).

---

(1) On s'est demandé si après avoir obtenu avec le
Daguerréotype les plus admirables dégradations de
teintes, on n'arrivera pas à lui faire produire les
couleurs : à substituer, en un mot, les tableaux aux
sortes de gravures à l'*aqua-tinta* qu'on engendre
maintenant.

Ce problème sera résolu, le jour où l'on aura decouvert UNE *seule et même* substance que les rayons rouges coloreront en rouge, les rayons jaunes en jaune, les rayons bleus en bleu, etc. M. *Niépce* signalait déjà les effets de cette nature, où suivant moi, le phénomène des anneaux colorés jouait quelque rôle. Peut-être en était-il de même du *rouge* et du *violet* que *Seebeck* obtenait simultanément sur le chlorure d'argent, aux deux extrémités opposées du spectre. M. *Quetelet* vient de me communiquer une lettre dans laquelle *sir John Herschel* annonce que son papier sensible ayant été exposé à un *spectre solaire très vif*, offrait ensuite toutes les couleurs prismatiques, le rouge excepté. En présence de ces faits, il serait certainement hasardé d'affirmer que les couleurs naturelles des objets, ne seront jamais reproduites dans les images photogéniques.

M. *Daguerre*, pendant ses premières expériences de phosphorescence, ayant découvert une poudre qui émettait une lueur rouge après que la lumière rouge l'avait frappée; une autre poudre à laquelle le bleu communiquait une phosphorescence bleue; une troisième poudre qui, dans les mêmes circonstances, devenait lumineuse en vert par l'action de la lumière verte, méla ces poudres mécaniquement et obtint ainsi un composé unique qui devenait rouge dans le rouge, vert dans le vert et bleu dans le bleu. Peut-être en opérant de même, en mêlant diverses résines, arrivera-t-on à engendrer un vernis où chaque lumière imprimera, non plus phospho-riquement, mais photogéniquement sa couleur!

FIN.

www.ingramcontent.com/pod-product-compliance
Lightning Source LLC
Chambersburg PA
CBHW071322200326

41520CB00013B/2852